BEI GRIN MACHT SICH IHR WISSEN BEZAHLT

AF152897

- Wir veröffentlichen Ihre Hausarbeit, Bachelor- und Masterarbeit

- Ihr eigenes eBook und Buch - weltweit in allen wichtigen Shops

- Verdienen Sie an jedem Verkauf

Jetzt bei www.GRIN.com hochladen und kostenlos publizieren

Michael Dienst

Die Phänomenologie der fluidmechanischen Wirbelspirale

GRIN Verlag

Bibliografische Information der Deutschen Nationalbibliothek:

Die Deutsche Bibliothek verzeichnet diese Publikation in der Deutschen National-
bibliografie; detaillierte bibliografische Daten sind im Internet über http://dnb.d-
nb.de/ abrufbar.

Impressum:

Copyright © 2013 GRIN Verlag GmbH
Druck und Bindung: Books on Demand GmbH, Norderstedt Germany
ISBN: 978-3-656-55394-6

Dieses Buch bei GRIN:

http://www.grin.com/de/e-book/265715/die-phaenomenologie-der-fluidmechani-
schen-wirbelspirale

Beitrag zur Phänomenologie der fluidmechanischen Wirbelspirale

Mi. Dienst, Berlin im Winter 2013/14

Nach der Tragflügeltheorie (Satz von Kutta-Joukowski) hängt die Auftriebskraft einer umströmten Tragfläche alleine von der Zirkulation ab [Schl-67]. Überlagern sich an einem Strömungskörper (bei einer zweidimensionalen Modellvorstellung in der Profilebene des Strömungskörpers) ein translatorisches und rotatorisches Strömungsfeld, kommt es infolge der Zirkulation um diesen Körper zu Verzögerung der Strömung auf der einen und zu einer Beschleunigung der Strömung auf der anderen Seite. Nach der Bernoullischen Gleichung führt die Beschleunigung zu einer Druckminderung, die Verzögerung zu einer Druckerhöhung. Im Falle eines Tragflügels wird dies als Auftriebskraft spürbar. Für einen angeströmten, endlichen Tragflügel ist die Auftriebskraft elliptisch über den Auftrieb erzeugenden Körper verteilt. Infolge des Druckgradienten kommt es am materiellen Ende der Tragfläche zu einer Umströmung der Tragflächenkante. Im Nachlauf der Kantenumströmung bildet sich nun ein kompakter Wirbel aus, der in der Literatur als „durch den Druckgradienten induzierter Randwirbel" beschrieben wird. Der induzierte Randwirbel bindet einen erheblichen Anteil der zur Erzeugung der Auftriebkräfte des Systems aufgebrachten Energie. Der Wirbelzopf im Nachlauf einer Auftrieb erzeugenden Tragfläche ist sehr stabil. In Strömungsuntersuchungen am Windkanal aber auch durch numerische Strömungssimulationsrechnungen kann das Um-strömungsgebaren an den Enden Auftrieb erzeugender Strömungskörper sichtbar gemacht werden. Jeder durch das Auftriebsgebaren einer Tragflügelfläche induzierter Wirbelzopf ist idealer weise hinsichtlich seiner Geschwindigkeitsverteilung in seinem Querschnitt kompakt und bildet ein graduelles rotatorisches Fernfeld aus. Existieren zwei oder mehr kompakte Wirbelzöpfe gleicher Drehrichtung und ähnlicher oder (in einem günstigen Fall) gleicher Intensität, beginnen die Wirbelzöpfe im Nachlauf ihres Entstehungsortes um ein gemeinsames Zentrum zu rotieren. Ein schraubenartiges Wirbelspulengebilde entsteht. Während die Wirbelzöpfe auf dem Mantel der Wirbelspule stromabwärts um eine gemeinsame zentrale Achse rotieren bildet sich innerhalb der Wirbelspule entlang des zentralen Stromfadens eine beschleunigte Strömung aus, die nach außen durch den Wirbelmantel begrenzt und geführt wird. Dieses als „Wirbelspuleneffekt" bezeichnete Phänomen wurde in den 70er und 80er Jahren des vergangenen Jahrhunderts durch messtechnische Untersuchungen belegt (Ingo Rechenberg, Technische Universität Berlin) und eine Theorie der Wirbelspule entwickelt. Die Strömung innerhalb der Wirbelspule ist intensiv; die Geschwindigkeiten können gegenüber der den Wirbelspuleneffekt hervorrufenden Flügelumströmung mehr als den dreifachen Wert annehmen. Aus Windkanalmessungen ist bekannt, dass zu einer den Auftrieb generierende Tragflächen der kumulierten Tragflügeltiefe t erzeugte Wirbelspule stromabwärts eine Länge von $L > 10\ t$ hinweg stabil existiert und über die gesamte Distanz einen intensiven Strömungsjet produziert. Das Geschwindigkeitsniveau der Innenströmung kann derart ansteigen, dass aufgrund der Druckabnahme im Jet (Bernoulli-Gleichung, Kontinuität) die umhüllende Mantelströmung implodieren kann und die den Effekt tragende Wirbelspule ihre schraubenförmige Struktur verliert.

Landsegelnde Vögel mit ihren kastenförmigen und an den Flügelenden mit Gefiederfinger ausgestatteten Tragflächen nutzen den Wirbelspuleneffekt. Der durch die Wirbelspule erzeugte Strömungsjet spielt zu einem gewissen Maße die zur Generierung von Auftrieb eingesetzte Energie des Landseglers wieder ein. Rechenberg untersuchte das Auftriebsgebaren großer landsegelnder Vögel und postulierte den Wirbelspuleneffekt, bevor er ihn durch Experimente an biologischen Flügeln und an technischen Auftrieb generierenden Tragflächen nachwies. Auch Seevögel mit ihren schlanken Flügeln besitzen aufgefingerte Tragflächenenden, wenn auch weniger ausgeprägt. Ein den induzierten Widerstand mindernder Effekt wird hier dadurch erzielt, dass die Geometrie des Auftrieb bedingten (induzierten) Randwirbels deformiert und in seiner Kompaktheit geschwächt wird. In ihrer technischen Ausführung werden diese den Widerstand mindernden (singulären) Anflügel Winglets genannt und sind Stand der rezenten Technik.

Geschwindigkeitsbeiträge im Strömungsfeld

Die zu einem Wirbelfaden gehörige Strömung ist, bis auf den Wirbelfaden selbst wirbelfrei. Ist der Wirbelfaden gerade, entspricht dies einem Potentialwirbel. Eine Wirbelströmung kann durch das Geschwindigkeitsfeld beschrieben werden und eine Wirbelströmung kann durch das Wirbelfeld beschrieben werden. Geschwindigkeitsfeld und Wirbelfeld hängen zusammen.

In Lehre und Forschung wird gelegentlich nach einer Herleitung der durch fluidmechanische Wirbelspiralen induzierten Geschwindigkeitsbeiträge im Strömungsfeld gefragt. Dies soll in diesem Aufsatz geschehen. In diesem Zusammenhang taucht das aus der Feldtheorie stemmende und in der Elektrodynamik geläufige Gesetz von Biot uind Savart auf.
Ist das Geschwindigkeitsfeld bekannt, kann man daraus das Wirbelfeld Berechnen. Die Differentiation des Geschwindigkeitsfeldes (Bildung der Rotation) ist das Wirbelfeld. Gleichsam kann man das Geschwindigkeitsfeld aus dem Wirbelfeld berechnen. Die Integration des Wirbelfeldes ist das Geschwindigkeitsfeld. Die Integration des Wirbelfeldes entspricht dem Gesetz von Biot und Savart. Zunächst werde ich einige Begriffe und Formeln anführen, die vor dem Hintergrund strömungsmechanischer Wirbelspiralen auftauchen:

Mit Zirkulation Γ bezeichnet man die Stärke eines (beispielsweise um eine Tragfläche kreisenden) Wirbels, bzw. des Ringintegrals der Zirkulationsgeschwindigkeit v_Γ über die Weglänge s_Γ. Bei einem so genannten „starren Wirbel" herrscht eine konstante Winkelgeschwindigkeit ω_W und an einem beliebigen Abstand r die Tangentialgeschwindigkeit v_{TW}

Aus der Integration des Linienintegrals folgt:

Zirkulation	$\Gamma = v_\Gamma \, s_\Gamma$	$[m^2 s^{-1}]$
Zirkulationsgeschwindigkeit	v_Γ	$[ms^{-1}]$
Weglänge	s_Γ	$[m]$
Winkelgeschwindigkeit	ω_W	$[s^{-1}]$
Tangentialgeschwindigkeit	$v_{TW} = r\,\omega$	$[ms^{-1}]$

Man unterscheidet weiterhin Potentialwirbel, sie besitzen einen Geschwindigkeitsgradient im ferneren Feld (Peripherie) und Rankine-Wirbel, die als Superposition (Überlagerung) von starrem Wirbel (Kern) und Potentialwirbel (Peripherie) gesehen werden kann. Mit der Zirkulation (Ringintegral der Zirkulationsgeschwindigkeit über die Weglänge s kann die Auftriebskraft F_A

eines Flügels mit der Spannweite b angegeben werden und es entsteht eine handliche Formulierung der Zirkulation um einen Tragflügel. Nach Kutta-Joukowski folgt:

Auftrieb (Lift) $\quad F_A = \Gamma \cdot \rho \cdot v \cdot b \qquad$ [N] aus [m^2 s^{-1} kg m^{-3} m s^{-1} m], [kg m s^{-2}]

es gilt: $\qquad\qquad F_A = c_L \cdot A \, \frac{1}{2} \cdot \rho \cdot v^2$ [N] aus [m^2 kg m^{-3} m^2 s^{-2} m], [kg m s^{-2}]

es folgt: $\qquad\qquad \Gamma \cdot \rho \cdot v \cdot b = c_L \cdot A \, \frac{1}{2} \cdot \rho \cdot v^2$

Zur Zirkulation um einen Tragflügel:

$$\Gamma = \rho \cdot v \cdot b = c_L \cdot A \, \tfrac{1}{2} \cdot \rho \cdot v^2 \, / \, \rho \cdot v \cdot b = c_L \cdot A \, v \, / \, 2 \cdot b \; [m^2 s^{-1}]$$

Zirkulation	Γ	[m^2 s^{-1}]
Dichte	ρ	[kg m^{-3}]
Fluidgeschwindigkeit (Fernfeld)	v	[m s^{-1}]
Flügeltiefe	b	[m]
Flügelfläche	A	[m^2]
Auftriebsbeiwert	c_L	[-]

Zur Zirkulation auf einer Kreisbahn:

$$\Gamma \quad = \omega \, 2 \, \pi \, r^2 \; [m^2 s^{-1}]$$

Zirkulation	Γ	$= v_\Gamma \; s_\Gamma$	[m^2 s^{-1}]
Winkelgeschwindigkeit	ω		[s^{-1}]
Infinitisimaler Winkel	dβ		[°, rad]
Mit Ringintegral (über Kreis)	l ds	$= 2 \, \pi \, r$	[m]
Tangentialgeschwindigkeit	v_T	$= r \, \omega$	[ms^{-1}]
Zirkulation um Kreis:	Γ	$= \omega \, 2 \, \pi \, r^2$	[m^2 s^{-1}]

Zur Untersuchung zunächst ebener und wirbelfreier Strömungen, klären wir die kinematischen Begriffe Wirbelstärke und Zirkulation. Die Rotation der Geschwindigkeit $\underline{v}$ ist die Wirbelstärke $\underline{\Omega}$

$$\Omega = \text{rot } \underline{v} \qquad \text{mit den Komponenten} \qquad \Omega_i = e_{ijk}\,(\delta v_k)/(\delta x_j)$$

Strömungen, in denen die Wirbelstärke verschwindet, heißen wirbelfreie Strömungen oder Potentialströmungen. Strömungen, in denen die Wirbelstärke von Null verschieden ist, heißen wirbelbehaftete Strömungen oder Wirbelströmungen. In wirbelbehafteten Strömungen bilden die Geschwindigkeit und die Wirbelstärke ein Vektorfeld. Die Wirbellinie im Feld der Wirbelstärke ist eine Analogie zur Stromlinie im Geschwindigkeitsfeld. Die Wirbellinie ist eine Kurve, die in jedem Punkt den Vektor der Wirbelstärke tangiert. Die Zirkulation Γ ist das Kurvenintegral der Geschwindigkeit längs einer geschlossenen Kurve im Strömungsfeld

$$\Gamma = \int \underline{v}\, dx \qquad \text{mit den Komponenten} \qquad \Gamma = \int v_i\, dx_i$$

Der Satz von Stokes besagt nun, dass das Flächenintegral der Wirbelstärke Ω über eine Fläche A ist gleich der Zirkulation Γ längs ihrer Randkurve x ist. Für einen Volumenstrom durch eine beliebige Fläche gilt immer $V = \int \underline{v}\, d\underline{A}$. Für eine Zirkulation längs einer beliebigen geschlossenen Kurve gilt immer $\Gamma = \int \underline{\Omega}\, d\underline{A}$.

$$\Gamma = \int \underline{v}\, dx = \int \underline{\Omega}\, d\underline{A} \qquad \text{oder komponentenweise}$$
$$\Gamma = \int \underline{v}_i\, dx_i = \int \underline{\Omega}_i\, dA_i$$

Satz: Die Wirbelstärke im Quellpunkt Q im Geschwindigkeitsfeld induziert im Aufpunkt P (dieses Geschwindigkeitsfeldes) einen Teil der dortigen Geschwindigkeit. Die Geschwindigkeit im Aufpunkt P ist die Summe der Induktionswirkungen aller Quellpunkte des Strömungsfeldes. Quellpunkte sind

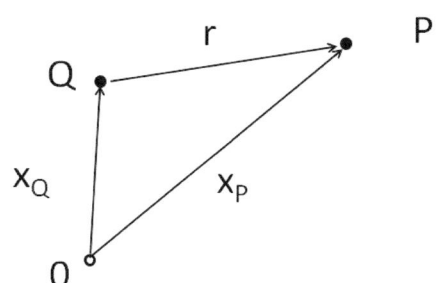

die Punkte, an denen die Wirbelstärke nicht verschwindet.

Für einen beliebigen Punkt im dreidimensionalen Strömungsfeld ist $\underline{x}_Q$ der Vektor zu einem Quellpunkt Q und $\underline{x}_P$ der Vektor zu einem Aufpunkt P. Der Vektor $\underline{r}$ vom Quellpunkt Q zum Aufpunkt P ist damit

$\underline{r} = \underline{x}_P - \underline{x}_Q$

$r = ((x_P-x_Q)^2+(y_P-y_Q)^2+(z_P-z_Q)^2)^{1/2}$

Berechnen wir nun die Komponenten des Geschwindigkeitsvektors $\underline{v}_P$ {v_{xP}, v_{yP}} im Aufpunkt P für den zweidimensionalen für einen konkreten Fall. Die Geschwindigkeit soll von einem (unendlich langen, geraden) Wirbelfaden im Quellpunkt Q mit den Koordinaten (x_Q, y_Q) im Aufpunkt P mit den Koordinaten (x_P, y_P) induziert werden. Im Quellpunkt Q wird die Zirkulation Γ angegeben. Für die induzierte Geschwindigkeit $v = \Gamma / 2\pi\, r$

Der Ortsvektor $\quad\quad\quad\quad\quad\quad \underline{r} = \underline{x}_P - \underline{x}_Q$

$\quad\quad\quad\quad\quad\quad\quad\quad\quad\quad r = ((x_P-x_Q)^2+(y_P-y_Q)^2)^{1/2}$

Geschwindigkeiten im Aufpunkt: $\quad v_{xP} = v \sin(\alpha)$ und $v_{yP} = v \cos(\alpha)$

$\quad\quad$ mit: $\sin(\alpha) = (y_P-y_Q)/r$ und $\cos(\alpha) = (x_P-x_Q)/r$

$\quad v_{xP} = v \sin(\alpha) = \Gamma\, (y_P-y_Q) / 2\pi\, r((x_P-x_Q)^2+(y_P-y_Q)^2)$

$\quad v_{yP} = v \cos(\alpha) = \Gamma\, (x_P-x_Q) / 2\pi\, r((x_P-x_Q)^2+(y_P-y_Q)^2)$

Biot-Savart'sches Gesetz.
Ein Wirbelfaden mit der Zirkulation Γ induziert eine Strömung im umgebenden Raum mit der Geschwindigkeit $\underline{v}$. Hierzu führe ich eine differentielle Betrachtung für eine reibungsfreie, inkompressible Strömung durch:

Wir sehen: Das gerichtete Wirbelelement der Länge ds auf dem Wirbelfaden mit der Zirkulation Γ, einen beliebigen Punkt P im Raum, einen Abstandsvektor r vom Wirbelelement ds zum Punkt P im Raum. Das Wirbelelement ds induziert eine differentielle Geschwindigkeit dv im Punkt P.

Das Biot-Savart'sches Gesetz in differentieller Form:

$$dv = (\Gamma/4\pi) \cdot (ds \times \underline{r})/\underline{r}^3$$

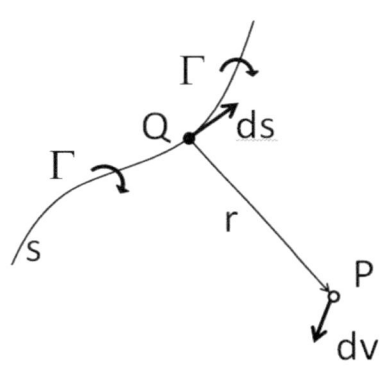

Für den besonderen Fall, dass der Vektor r orthonormal auf der (theoretisch unendlich langen und geraden) Linie S des Wirbelfadens steht und damit die Geschwindigkeit dv im Punkt P in einem nunmehr senkrechten Abstand zum Wirbelfaden-element induziert wird, liefert die Integration des Biot-Savart'schen Gesetzes aus der differentieller Form die einfache Beziehung

$$v = \Gamma/2\pi\underline{r}$$

die exakt mit dem Ergebnis für einen punktuellen Wirbel in einer zweidimensionalen Strömung übereinstimmt

Der Wirbelfaden der aus dem Randwirbel generiert wird, mit der Zirkulation

Zirkulation: $\Gamma = F(ca, v, t)$

aus $\Gamma = = \frac{1}{2} c_L v t$ kann man nun die induzierte Geschwindigkeit ermitteln:

$$v_{induziert} = \Gamma/2\pi\underline{r} = \frac{1}{2} c_L v_{anström} t / 2\pi\underline{r} = c_L v_{anström} t /4\pi\underline{r}$$

Zur Induktionswirkung eines Wirbelfadenelements

Ziel ist nun die Beschreibung des Zusammenhangs der Geschwindigkeit $\underline{v}$ in einem Aufpunkt P, also $v(x_P)$ des Geschwindigkeitsfeldes und der Wirbelstärke $\underline{\Omega}(x_Q)$ in allen Quellpunkten eines Strömungsfeldes. Dazu wird ein Wirbelröhrenelement (infinitisimal kleines Wirbelfadenelement) auf seine Induktionswirkung auf das Strömungsfeld untersucht.

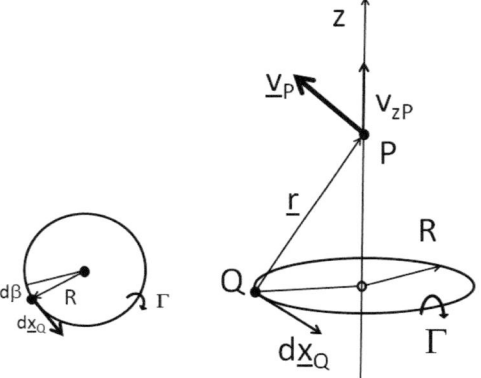

Das Fluid sei inkompressibel und das Wirbelröhrenelement habe die Länge $d\underline{x}$, den Querschnitt $d\underline{A}$ und das Volumen $d\underline{V} = d\underline{A} \cdot d\underline{x}$. Die Länge $d\underline{x}$ und der Querschnitt $d\underline{A}$ sollen parallel zur Wirbelstärke $\underline{\Omega}$ im Quellpunkt Q der Strömung sein. Letztlich betrachte ich eine elementare Vereinfachung des Wirbelspuleneffektes auf einen Ringwirbelfaden.

Ein Ringwirbelfaden habe eine konstante Zirkulation Γ. Gesucht ist die in der Achse des Ringwirbels induzierte Geschwindigkeit. Auf der Achse des Ringwirbels ist aus Symmetriegründen nur die Z-Kompo-nente der Vektors $\{v_{xP}, v_{yP}, v_{zP}\}$ der induzierten Geschwindigkeit $\underline{v}$ ungleich Null. Die von einem Wirbel-fadenelement an einem beliebigen Aufpunkt im Strömungsfeld induzierte Geschwindigkeit $\underline{v}$ ist proportional der Wirbelstärke Ω und dem Volumen des Wirbelfadenelements also:

$$dv \sim \Omega \, dV$$

Die Richtung der induzierten Geschwindigkeit $\underline{v}$ steht senkrecht auf den Vektoren $\underline{\Omega}$ und $\underline{r}$

also: $\qquad dv \sim \underline{\Omega} \times \underline{r}$

Für einen Volumenstrom durch eine beliebige Fläche gilt immer $V = \int \underline{v}\ d\underline{A}$ und längs einer beliebigen geschlossenen Kurve gilt immer $\Gamma = \int \underline{\Omega}\ d\underline{A}$.

$$\Gamma = \int \underline{v}\ dx = \int \underline{\Omega}\ d\underline{A}$$

Die Geschwindigkeit, die ein Element des Ringwirbelfadens im Aufpunkt P induziert ist gegeben mit

$$d\underline{v}(x_P, t) = (\Gamma / 4 \cdot \pi)\ (d\underline{x}_Q \times \underline{r}) / r^3$$

$$\underline{v}(x_P, t) = (\Gamma / 4 \cdot \pi) \int (d\underline{x}_Q \times \underline{r}) / r^3$$

Der Beitrag dieser Geschwindigkeit zu Z-Komponente v_{zP} des Geschwindigkeitsvektors $\underline{v}$ ist:

$$dv_{zP} = dv \cdot \cos(a)$$

mit $\cos(a) = R / (R^2 + z^2)^{1/2}$ ist die Z-Komponente v_{zP} des Geschwindigkeitsvektors:

$$v_{zP} = dv \cdot \cos(a) = (\Gamma / 4 \cdot \pi) \cdot (R / (R^2 + z^2)^{1/2}) \cdot (d\underline{x}_Q \times \underline{r}) / r^3$$

mit $(d\underline{x}_Q \times \underline{r}) = r \cdot d\underline{x}_Q$ und $d\underline{x}_Q = R \cdot d\beta$ und $r = (R^2 + z^2)^{1/2}$ und der Integration über die Kreislinie $\{0 \dots 2\pi\}$ folgt:

$$v_{zP} = (\Gamma / 2) \cdot (R^2 / (R^2 + z^2)^{3/2})$$

Damit ist eine Quantifizierung der von einer Windung einer „Wirbelspirale" ausgehende Geschwindigkeitsinduktion gegeben.

Identifizierte Wirbelspiralen.
In den 70er und 80er Jahren des vergangenen Jahrhunderts wurde unter Leitung von Prof. DR. Ingo Rechenberg am Fachgebiet Bionik und

Evolutionstechnik der Technischen Universität Berlin intensiv das Wirbelspulenphänomen untersucht. Neben der experimentellen Forschung an biologischen Fliegern, insbesondere landsegelnde Vögel, wie eingangs bereits erwähnt, nahm die im Sinne der Bionik betriebene Übertragung des Wirbelspulenphänomens auf technische Systeme einen beträchtlichen Raum der universitären Forschung ein. Als ich Ende der 80er Mitglied der Forschergruppe wurde, waren die großen Erfindungen bereits erforscht und patentiert, man denke beispielsweise an den „BERWIAN", die Berliner Windkraftanlage mit einem vielflügligen Stator zur Wirbelspulenerzeugung. In den Folgejahren ging es uns daher eher um die Optimierung der Wirbelspulenprozesse, dem „Heranzüchten" leistungsfähiger Wirbelspulen-generatoren bis in den Bereich des physikalisch Machbaren und um die Umsetzung der Erkenntnisse in praktikable Konstruktionen auf dem Gebiet der kleinen Windkraftanlagen vor dem Hintergrund des biologischen Vorbilds, des aufgefingerten Flügels der landsegelnden Vögel. Es war übrigens auch die Zeit, als namhafte Flugzeugbauer die Zulassung so genannte „Winglets" an den Flügelenden von Serienflugzeugen erreichten. Wir haben uns an das Erscheinungsbild leistungsstarker Segel- und Transporttragflächen gewöhnt, wissen aber bis heute nicht genau, ob diese Winglets tatsächlich den Wirbelspuleneffekt bedienen oder nicht. Damals, in den späten 80ern wurde darüber hinaus an einer Propellertheorie auf der Grundlage des Wirbelspulenphänomens gearbeitet, sowie an einer Wirbelspulentheorie zweiter Ordnung, die ineinander verschränkte, konzentrische Wirbelspulen beschreibt. Von der inzwischen ein wenig in Vergessenheit geratene Berliner Windkraftanlage BERWIAN wurden übrigens einige mobile Prototypen gebaut, in Betrieb genommen und im Freiland, beispielsweise im Kaiser Willhelm Koog an der nordfriesischen Küste, gefahren und untersucht. Als das wirtschaftliche und auch das politische Interesse an kleinen Windkraftanlagen stagnierte und schließlich einebbte waren auch die Tage des BERWIAN gezählt. Wie jeder, der eine moderne Windkraftanlage betrachtet auf den ersten Blick sieht, hat der dreiblättrige Typ mit hoher Folzahl das Rennen gemacht. Die Vorteile des hochdrehenden Rotors eines BERWIAN, versuchsweise mit einer VW-Käfer-Lichtmaschine und einer Drehzahl von über 5000 [min^{-1}] betrieben, werden von einem hohen strukturellen Aufwand für den Stator überkompensiert, können einer wirtschaftlichen Betrachtung des Konzepts nicht standhalten. Lediglich für Heizwindanlagen oder auf Pferdekoppeln, der BERWIAN hinterlässt keine

„Diskoeffekte", fänden sich probate Anwendungen aber derzeit keine Anwender und nur wir inzwischen ein wenig eingestaubten und ewig gestrigen GrandMasters der WKA-Bewegung verspüren noch eine gewisse Hoffnung auf Realisierung in einer vielleicht irgendwann anbrechenden Energiewendezeit.

Wir schreiben das Jahr 2013, holen unsere Fadensonde – das einfachste und unigeniale Messinstrument zum Nachweis des Wirbelspuleneffekts – nur noch zu musealen Führungen aus der Kiste für historische Messzeuge und arbeiten an einer numerischen Simulation der Effekte mit CFD-Methoden (Computional Fluid Dynamics). Hier liegen unsere Hoffnungen einer nahen (Forschungs-) Zukunft. Immerhin wissen wir das: Der Wirbelspuleneffekt findet auch im Medium Wasser statt. Dies lässt den Gestaltungsphantasien der Schiffs- und Yachtdesigner Spielräume für zukünftige Konstruktionen von Leit- und Steuerflächen an Seefahrzeugen; wir sprechen beispielsweise von „Flowlets", den Anflügeln an Tragflügeln von Ruderblättern und Schiffsstabilisatoren [Die13-10],[Die13-9],[Die13-6],[Die13-2],[Die11-1].

Gleichzeitig betrachten wir Bioniker in einer rezenten Forschungskampagne mit einer gewissen Faszination und Bewunderung das „Auftriebsgebaren" des Ahornsamenflugs, der für sich ebenfalls das fluidmechanische Wirbelspulen-phänomen in einer besonders raffinierten Weise einzusetzen scheint. Hier erwarten wir nichtstationäre Effekte, von denen an anderer Stelle die Rede sein wird. Schon vergleichsweise wissenschaftlich gesichert taucht der Wirbelspuleneffekt als Auf- und Vortriebsphänomen archaischer „Krabben-scherenbesegelung" polynesischer Segelkanus auf. Hier sind wir uns nahezu einig, dass über den aufgefingerten Tragflügel so genannte „generierte Jets" an Amwindkursen Ursache sind für die enorme Leistungsfähigkeit polynesischer Segelkanus. Von rezenten Untersuchungen der Yacht Research Unit der Universität Auckland zu diesem Thema versprechen wir uns wegweisende Erkenntnisse.

Und: dieser Tage haben wir – ganz im Sinne der an Anwendungen orientierten Bionik – ein Surfrigg patentieren lassen, das den Wirbelspuleneffekt nach dem Vorbild biologischer Flieger nutzt [Die-13-20]. Es herrscht also Bewegung an der Front; und wir wünschen uns Kritik und Widerrede an diesem Beitrag zur Phänomenologie der fluidmechanischen Wirbelspirale.

Weiterführende Literatur und Bibliographie

[Abbo-59]   Ira H. Abbott, Albert E. von Doenhoff; (1959) Theory of Wing
            Sections: Including a Summary of Airfoil Data. Dover Publications,
            New York
[Betz-12]   Betz, A. ; (1912), Ein Beitrag zur Erklärung des Segelfluges.
            Zeitschrift für Flugtechnik u. Motorluftschifffahrt 3 (1912),
[Die-13-20] Dienst, Mi. (2013) Wirbelspuleneffekt nutzendes Rigg für
            Segelsurfbretter. (GM240) GM 20 2013 007 167.2, IPC: B63H 9/06
[Die13-10] Dienst, Mi. (2013) Zweiachsenströmungsadaptiver Anflügel
            (LeeLET) in Differentialbauweise zur Montage an das Schwenk-
            schwert einer Segeljolle. (GM90) GM: 20 2012 011 874.9 IPC: B63B
            41/00
[Die13-9]   Dienst, Mi. (2013) Strömungsbeaufschlagte Anflügelkinematik in
            Differentialbauweise an einem profilvarianten Schwenkschwert
            für Segeljollen (GM81) GM: 20 2012 011 872.2, IPC: B63B 41/00
[Die13-6]   Dienst, Mi.(2013) Bodeneffekt nutzendes Vorsegel für Segelboote.
            (In: Transactions in Bionic Patents, Vol.:05) GRIN-Verlag GmbH
            München, ISBN (e-Book): 978-3-656-47526-2. ISBN (Buch) 978-3-
            656-47628-3.
[Die13-2]   Dienst, Mi. (2013) Strömungsbeaufschlagter, räumlich beweglicher
            Tragflügel als Differentialbauweise strömungsadaptiver,
            vertikalkraftgenerierender Leitflächen an Segelyachten,
            insbesondere Yachtruder (GM61) GM: 20 2012 011 867.6, IPC:
            B63B 25/38
[Die11-1]   Dienst, Mi. (2011) Beweglicher Strömungs-adaptiver Leitflügel zur
            Montage an fluidmechanisch wirksame Leitflächen im
            Unterwasserbereich von Seefahr-zeugen. GM: 20 2010 016 096.0
            IPC B63H 25/38 (2006.01)
[Katz-01]   Katz, J. Plotkin, A. (2001) Low-Speed Aerodynamics (Cambridge
            Aerospace Series) Cambridge University Press; 2 edition
[Mart-65]   Martynov, A. K.,(1965) Practical Aerodynamics, Pergamon Press.
[Schl-67]   Schlichting, H., Truckenbrot, E. (1967) Aerodynamik des
            Flugzeuges, Band 1, Springer Verlag
[Schl-00]   Schlichting, H. (2000) Boundary-Layer Theory, Springer ISBN
            3540662707

Kontakt:

Dipl.-Ing. Michael Dienst
Beuth Hochschule für Technik Berlin,
BIONIC RESEARCH UNIT / FB VIII, Maschinenbau
Luxemburger Str. 10,
D - 13353 Berlin-Wedding